MÉMOIRE

SUR UNE

MALADIE APHTHEUSE

Qui a régné en 1841 sur le bétail du canton de Saint-Avold (Moselle);

Par REYNAL,

Vétérinaire en premier du 6ᵉ régiment de lanciers,
Membre correspondant de l'Académie royale de Metz, de la Société vétérinaire
du Calvados et de la Manche, et de celle des départements de l'Ouest.

Vers le 20 octobre de l'année 1841, nous fûmes informé que les vaches étaient atteintes d'une maladie particulière qui apparaissait spontanément et sans causes connues. A notre premier examen, il nous fut facile de reconnaître une *affection aphtheuse*, qui, au rapport de plusieurs propriétaires, aurait régné, il y a deux ans, sur une assez grande étendue du département de la Moselle. Durant cinq à six jours, elle fut le partage exclusif du gros bétail ; nous pensions même qu'elle se bornerait à ce dernier, lorsque nous eûmes occasion de la remarquer sur les moutons et les porcs.

Notre travail se bornera à la description pure et simple des observations que nous avons été à même de faire sur une centaine d'animaux de différentes espèces. Aidé de nos pro-

1845

près recherches et de celles de nos prédécesseurs, nous donnerons un tableau à peu près complet de ses causes présumées, de ses symptômes, de sa marche, de ses terminaisons et des divers moyens qu'on peut employer pour la combattre et la prévenir.

Ce mode d'exposition nous a paru préférable et pour l'homme scientifique et pour l'agriculteur. Le premier y puisera d'utiles enseignements pour agrandir le cercle de nos connaissances pathologiques, et le second y trouvera plus facilement des règles de conduite que dans l'analyse succincte de chaque fait en particulier.

SYNONYMIE ; CARACTÈRES GÉNÉRAUX DE LA MALADIE.

Les aphthes ou maladies aphtheuses sont encore connues sous les noms de *mal de bouche*, de *chancre à la bouche*, de *muguet*, d'*alcola*. Toggia et Lamberlichi, auteurs italiens, les ont décrits, le premier, sous le nom de *fonzetto*, et, le second, sous celui d'*exanthème stomato-interphalungé*. M. Fabre, de Genève, propose la dénomination de *phyctenée-glosso-pode* (1).

Dans le court de notre travail, nous lui conserverons le *nom* de *fièvre aphtheuse*, qui nous paraît préférable, parce que l'apparition des *aphthes* est toujours précédée par des mouvements fébriles, des troubles intérieurs bien marqués.

Cette affection qui se montre toujours sous le type enzootique ou épizootique a une marche et des terminaisons rarement mortelles. Elle est caractérisée par le développement dans la bouche, sur le mufle et dans l'espace interdigité, de

----

(1) Cette dénomination ne nous paraît pas convenable, en ce sens qu'elle laisse entendre que les phlyctènes se remarquent seulement à *la bouche et aux pieds*.

petites ampoules ou phlyctènes blanchâtres contenant un fluide opaque et séreux. Des ulcérations superficielles succèdent bientôt à ces vésicules qu'on remarque aussi, mais plus rarement aux mamelles, à la vulve, autour des yeux, sur la pituitaire, sur la muqueuse du pharynx, du larynx et du tube digestif.

HISTOIRE.

Les maladies aphtheuses étaient connues dès la plus haute antiquité. Hiéroclès, vétérinaire grec, en parle assez au long dans ses ouvrages (1). Ruini et Francini, auteurs italiens, qui écrivaient vers la fin du seizième siècle, s'en sont également occupés (2). Mais, sans recourir à des époques trop éloignées de nous, les annales de la science nous en offrent d'assez nombreux exemples. Michel Sagar rapporte qu'en 1763 et 1764, les aphthes se développèrent sur les principaux animaux domestiques de la Moravie (3). Vers la même époque, ils régnèrent sur les bestiaux et les chevaux de plusieurs contrées de la France. Lafosse fils les observa sur les chevaux des environs de Paris (4). Suivant Baraillon, ils apparurent sous la même forme épizootique, en 1775 et 1785, dans plusieurs cantons de la généralité de Moulins (5). En 1809, 1810, 1811 et 1812, ils sévirent sur la presque totalité des bestiaux du territoire français ; ceux de la Picardie et de la Normandie en furent le plus gravement attaqués. Le gouvernement envoya le savant Huzard père, pour les combattre (6). Les professeurs des Écoles

---

(1) *Instruct. vétér.*, t. IV, p. 170, Analyse de Huzard père.
(2) *Idem.*
(3) *Idem.*
(4) *Cours d'hippiatrique*, p. 284.
(5) *Instruct. vétér.*, t. IV.
(6) *Précis sur l'épizootie de la vallée d'Auge*, 1810.

vétérinaires les étudièrent dans la Seine et le Rhône (1) ; Dehaun, dans les Ardennes (2) ; Barrère, dans les Pyrénées-Orientales (3) ; et Saintin, dans le Tarn (4). A peu près vers le même temps, les aphthes régnèrent dans plusieurs départements de l'empire français. Peuchet et Potelle les remarquèrent dans le département de l'Oise, et Lamberlichi, en Italie, en 1825 (5). Au rapport de M. Mathieu, ils reparurent dans les Vosges, en 1837 (6) ; en Suisse, en 1838 (7), d'après MM. Fabre et Levrat ; et en Auvergne, en 1839, suivant M. Maret (8). A la même époque, l'Ecole de Toulouse et plusieurs vétérinaires étudièrent, dans le Midi, une épizootie aphtheuse qui s'étendit sur une vaste surface (9). Le Conseil de salubrité de Paris la signala à l'autorité administrative, dans un rapport adressé à M. le préfet de la Seine (10). M. Rayer en a tracé l'histoire dans le Recueil de médecine vétérinaire (11). M. Levigney a très bien décrit la maladie aphtheuse qui a régné dans le Bessin, en 1840 et 1841 (12).

---

(1) *Compte-rendu d'Alfort et de Lyon*, 1811 et 1812.

(2) *Police sanitaire* de M. Delafond, p. 736.

(3) *Idem.*

(4) Fromage de Feugré, t. IV, p. 265.

(5) *Recueil*, t. IV ; Analyse de M. Girard, p. 350.

(6) *Recueil*, année 1839.

(7) *Recueil*, année 1838 et 1839, p. 409.

(8) *Journal des connaissances utiles*, 9e volume.

(9) *Journal des vétérinaires du Midi*, année 1839, p. 375.

(10) Extrait de ce rapport dans le *Journal des vétérinaires du Midi*, *loco citato*.

(11) *Recueil de médecine vétérinaire*, 1839, p. 142.

(12) *Idem*, année 1842.

Nota. — Les épizooties aphtheuses sont assez fréquentes en Allemagne ; on les désigne sous les noms de *Klauenseuche*, de *Maulseuche* ou de *Maulweh*.

CAUSES.

Dans l'état actuel de la science, il serait difficile d'établir sur des faits positifs les causes qui occasionnent les maladies aphtheuses. La plupart des auteurs les attribuent à l'intempérie de l'air, à la mauvaise qualité des fourrages et à une espèce de *constitution* épizootique qui naît facilement sous l'influence d'une humidité longtemps prolongée. C'est en effet dans les saisons les plus pluvieuses de l'année, au printemps et en automne, dans les pays montagneux où règne constamment une grande variation dans la température et dans les vallées froides et humides, qu'on les observe ordinairement.

Nos remarques confirment celles de nos prédécesseurs : c'est au milieu de circonstances en tout semblables, c'est à dire, après les pluies abondantes qui n'ont cessé de tomber durant tout l'été et une grande partie de l'automne, qu'ont apparu les aphthes qui font l'objet de ce mémoire.

Une autre cause tirée de la nature et de la qualité des aliments, a dû aussi contribuer beaucoup à leur développement. Dans cette contrée, les animaux sont nourris avec des pommes de terre cuites et le résidu de leur distillation. La récolte dernière en a été généralement mauvaise, en partie avariée et d'une conservation difficile par suite de la grande proportion d'humidité qui les imprégnait. Cette alimentation, agissant sur les organes dans le même sens que la température et le climat, n'a-t-elle pas pu modifier l'organisme d'une manière *sui generis* et déterminer *l'affection aphtheuse?* Quoi qu'il en soit de cette opinion, toujours est-il qu'aux différentes époques où elle a régné, on l'a vue apparaître sous de pareilles conditions.

Dans l'excellent travail publié par notre collègue, M. Levigney, nous avons remarqué que le climat, la température, la localité, le mode de nourriture, étaient sans influence sur l'apparition des aphthes. Loin de nous l'idée de contester d'aussi judicieuses observations : dans les questions d'étiologie, surtout en ce qui touche les maladies épizootiques, le plus souvent tout est latent, vague, incertain, sujet à la controverse. Aussi n'avons-nous pas l'intention de discourir longuement sur cette matière : nous nous bornons seulement à faire remarquer qu'il arrive assez fréquemment que des *actions* climatériques, locales, atmosphériques, très différentes en apparence, donnent naissance à des *constitutions médicales* semblables. Ainsi, par exemple, qui ne sait qu'à un même degré thermométrique, la proportion d'humidité et d'électricité se trouvent dans l'air dans des proportions très diverses, et que, dans d'autres cas, à des hauteurs inégales de l'échelle centigrade, il existe un remarquable rapport dans les divers éléments atmosphériques.

La nature de nos occupations habituelles ne nous laisse pas le temps d'approfondir ces recherches météorologiques, mais nous croyons dans nos moments de loisir avoir constaté le fait suivant ; à savoir :

« *Qu'une même constitution médicale peut se développer sous des conditions différentes de climat, de température et de saison.* »

SYMPTOMATOLOGIE.

Le cours de cette maladie offre à considérer quatre époques bien distinctes chez tous les animaux domestiques.

La première est caractérisée par des symptômes qui quoique généraux n'en sont pas moins les avant-coureurs certains.

La deuxième est annoncée par la cessation des phénomènes fébriles et l'apparition des vésicules aphtheuses.

La troisième se reconnaît à l'ulcération des vésicules et à l'abondance de la salivation.

Et la quatrième, à la marche des ulcères vers la cicatrisation. C'est la convalescence.

Première époque ; Début.

Espèce bovine. — Les premiers symptômes qui l'annoncent, sont : la tristesse, l'inappétence, la prostration des forces, les frissons et la chaleur de la peau. Les bœufs et les vaches ont la tête allongée sur l'encolure et appuyée sur le bord de la mangeoire ; le mufle est dépourvu d'humidité ainsi que le pourtour des ailes du nez ; la bouche est sèche, brûlante et rouge au frein et aux bords libres de la langue ; de temps en temps on entend des grincements de dents accompagnés d'un mouvement particulier des lèvres ; l'haleine parfois exhale une mauvaise odeur ; le regard est fixe ; les animaux sont nonchalants, ils ne se meuvent qu'avec difficulté ; la colonne vertébrale est inflexible ; la soif est modérée ; jamais nous n'avons vu les animaux se précipiter sur les liquides ; les matières alvines n'ont rien présenté de particulier.

Ces symptômes précurseurs n'ont pas apparu chez tous les animaux avec une égale intensité ; il y avait quelquefois moins de gêne, moins de prostration, moins de chaleur à la peau, moins de chaleur à la bouche et de raideur dans la colonne dorsale. C'était au déclin de l'épizootie.

Moutons. — Ils sont tristes, abattus, ils restent couchés dans un coin de l'étable, la tête un peu rapprochée du cou ; on ne parvient que très difficilement à les faire lever pour les conduire au pâturage ; leur bouche est chaude et pâteuse ; inappétence ; démarche chancelante.

Porcs. — Comme les moutons, ils se couchent dans un lieu retiré en faisant entendre de sourds grognements qui deviennent plus forts lorsqu'on essaie de les faire sortir ; s'ils parviennent à se lever, on dirait que de vives souffrances s'opposent à l'acte de la locomotion ; ils restent immobiles en portant la tête à droite et à gauche ; leur démarche ressemble beaucoup à celle des cochons qui ont fait une longue route.

La durée de cette période, chez les grosses bêtes à cornes, est de trente-six heures ordinairement et de quarante-huit heures au plus. Chez les moutons et les porcs, elle n'est que de vingt-quatre heures.

Nous n'affirmerions pas si cette particularité est le résultat d'une observation exacte, ou bien si elle ne dépend pas de la plus grande difficulté qu'on rencontre pour les examiner aussi attentivement que les premiers.

Deuxième époque.

Chez tous les animaux, elle est annoncée par la cessation des phénomènes fébriles et par l'éruption de petites vésicules sur la muqueuse de la bouche, sur le mufle, autour des ailes du nez et dans l'espace interdigité.

Examinées isolément, ces vésicules sont très irrégulières par leur forme, leur grosseur et leur étendue.

Les unes sont petites, semblables à des grains de millet ; les autres sont plus grandes, arrondies et pareilles à des lentilles, légèrement proéminentes dans leur centre. La pellicule qui les recouvre est d'abord grisâtre, plus tard elle devient blanchâtre. D'autres sont oblongues, ondulées à leur bord, et plus ou moins irrégulières dans leur forme. Dans le principe, le fluide qu'elles renferment est limpide et séreux, il acquiert ensuite un certain degré d'opacité, qui nous a paru dépendre de petits points infiniment divisés, tenus en suspension.

Tous ces caractères ont été observés sur les ampoules qui

existaient sur le mufle et sur le museau des cochons. Celles qu'on remarquait dans l'intérieur de la bouche, sur la langue, au pourtour des ailes du nez, forment des plaques plus ou moins étendues, résultant, sans aucun doute, de l'agglomération de plusieurs vésicules.

L'éruption des aphthes, localisée dans la bouche , amène un léger mieux dans l'état général des individus, mais il n'en est pas de même lorsqu'ils existent dans l'intervalle interdigité et sur les mamelles : il y a alors persistance de tous les phénomènes inflammatoires avec un commencement d'engorgement des membres. Les malades restent presque constamment couchés.

Les phlyctènes que chez quelques sujets nous avons observées sur les mamelles, n'ont présenté aucun caractère particulier. En tout point, elles étaient identiques à celles qui existaient sur le mufle, les lèvres et la langue.

Dans l'épizootie que nous avons étudiée, on ne pouvait pas confondre les vésicules aphtheuses avec les boutons claveleux ni avec le cow-pox, décrit par Jenner. Néanmoins, commé quelques auteurs ont remarqué certaines analogies avec ce dernier, nous allons donner les caractères différentiels de ces trois affections.

Tableau synoptique et comparatif.

APHTHES.	BOUTONS CLAVELEUX.
Ils apparaissent sous forme d'ampoules épidermiques , sans inflammation et sans tuméfaction de la peau. La pellicule qui le recouvre est grisâtre et blanchâtre ; autour pas d'auréole : il y a seulement un cercle d'un rouge pâle ; encore n'est-il pas constant.	Taches rouges d'abord sur la peau ; bientôt dans son épaisseur on sent une nodosité, qui devient sensible en plissant cette partie ; puis apparaît une pustule blanchâtre, légèrement déprimée dans son centre ; parties environnantes dures , enflammées et douloureuses.

COW POX.

Les pustules du cow-pox sont plates, circulaires, creusées dans leur centre en forme de chaton, engorgées à leur base et entourées d'une auréole rougeâtre qui, insensiblement, devient livide. Bientôt elles deviennent diaphanes et prennent une couleur plombée argentine (1).

Troisième époque.

Le moment où les ampoules s'ulcèrent, est variable suivant qu'on les considère dans la bouche ou dans l'espace interdigité.

L'ulcération des premières suit de près leur apparition ; elle se manifeste au dehors par une salivation abondante , filante, striée de sang quelquefois, et par la grande quantité de bave qui existe dans la mangeoire, à la commissure et au bord des lèvres.

Indépendamment de ces symptômes qui sont constants, la langue est souvent en mouvement, se montre à l'extérieur, se promène sur le mufle et rentre ensuite dans sa cavité. Son épiderme s'enlève avec la plus grande facilité, absolument comme si on l'avait trempée dans l'eau bouillante ; plusieurs fois en la saisissant, il nous est arrivé d'en enlever des plaques de la largeur d'une pièce de 5 fr., qui recouvraient des ulcérations superficielles, saignantes et d'un rouge très vif ; celles de la face interne des joues, des lèvres, des gencives, semblaient avoir été faites avec un emporte-pièce. La bouche est chaude et douloureuse; l'animal se défend lorsqu'on veut l'examiner.

S'il n'y a pas de complication, cet état dure trois , quatre , cinq, six jours au plus ; au bout de ce temps, on voit tous les symptômes diminuer.

La marche de l'ulcération des vésicules extérieures n'est pas aussi rapide ; elle ne s'effectue guère qu'après trente-six ou quarante-huit heures ; l'aspect de ces ulcères n'est pas re-

---

(1) *Nota.* Jamais nous n'avons vu le cow-pox ; ces caractères sont extraits du *Dictionnaire* de Hurtrel d'Arboval.

poussant comme ceux qui sont entretenus par un vice intérieur; ils sont superficiels, lisses, luisants, recouverts par
une matière purulo-sanguinolente et visqueuse, qui bientôt
forme une croûte mince et roussâtre par son contact avec
l'air.

Quelques ulcères empruntent à leur position un certain
degré de gravité : ceux par exemple qui sont situés sur le
bourrelet déterminent le décollement du biseau et de la paroi,
principalement au talon et à la commissure de la bifurcation
de l'ongle. L'inflammation de locale qu'elle était se propage
bientôt au tissu vasculaire du sabot et en amène la chute,
comme nous l'avons observé chez le porc et le mouton.

Cette terminaison a lieu de préférence chez les animaux
qui appartiennent à des propriétaires négligents, qui, en lais-
sant séjourner trop longtemps le fumier dans les étables, fa-
cilitent l'introduction de corps étrangers sous la corne.

A ces caractères locaux se joignent l'engorgement, la raideur et la sensibilité des membres malades ; l'animal boite et
marche en chancelant. Mais une chose qui frappe, c'est l'état
de maigreur dans lequel les bêtes à cornes tombent en peu de
temps : il est moins prononcé chez le porc et le mouton.

La présence des vésicules sur les mamelles donne naissance, comme nous l'avons constaté, à des inflammations
plus ou moins violentes de ces organes. La marche et les terminaisons sont les mêmes que dans les *mammites* développées sous l'influence de causes autres que celles que nous
signalons. Nous ferons seulement remarquer que presque
constamment nous en avons obtenu la résolution, qui, au rapport de M. Levigney, a été très rare dans l'épizootie aphtheuse
qu'il a observée (1).

---

(1) Cela ne tiendrait-il pas aux soins plus empressés des proprié-

Les vésicules extérieures ne s'ulcèrent pas dans toutes les circonstances ; quelquefois elles disparaissent par résorption : la pellicule se durcit, tombe par squammes après avoir formé un abri protecteur qui favorise la guérison. Les aphthes sont alors bénins : nous avons fait cette remarque sur les animaux qui ont été attaqués sur le déclin de l'enzootie et sur le porc principalement.

Quatrième époque.

Dans les cas ordinaires, c'est à dire, lorsqu'il n'y a pas d'affection de l'ongle ou des mamelles, elle arrive du douzième au quinzième jour. Les animaux entrent en convalescence : la rumination se rétablit, l'appétit revient, ils désirent beaucoup le regain et les aliments farineux ; l'engorgement des membres diminue ; ils marchent avec plus de facilité ; on peut les conduire au pâturage, si la terre n'est pas trop humide ; les ulcérations se rétrécissent ; elles se couvrent d'un léger épithélium qu'il faut bien se garder de détruire.

DURÉE DE LA MALADIE.

La durée totale de la maladie est de douze à seize jours pour les grosses bêtes à cornes ; elle ne dépasse même pas le dixième, lorsque les aphthes sont bornés à la bouche. Chez le porc et le mouton, elle n'est guère que d'une huitaine de jours, à moins de complications qui en rendent le terme variable.

PRONOSTIC.

Le pronostic des maladies aphtheuses est différent suivant qu'on les observe au début, à la période d'état, au déclin de l'enzootie ; mais envisagé d'une manière générale, il est peu grave. Aux différentes époques où elles ont régné, elles n'ont

---

taires pour réclamer les secours de l'art, et aux précautions de propreté dont ils entourent les animaux ?

déterminé que peu ou point de mortalité. Nous n'avons pas appris qu'il fût mort un seul animal dans le cours de celle que nous avons observée. Mais bien que les suites n'en soient pas dangereuses, elles occasionnent néanmoins des pertes aux propriétaires, soit par la diminution ou par la suppression de la sécrétion laiteuse, soit par la maigreur à laquelle les aphthes réduisent les malades, soit par l'interruption des travaux agricoles et par les dépenses qu'entraînent les soins dont il faut entourer les animaux. Sur le déclin de l'enzootie, ils étaient tellement bénins, qu'ils ne s'annonçaient que par une salivation filante et par une légère boiterie.

TERMINAISONS.

A moins de graves complications internes, les aphthes se terminent constamment par la guérison. Ce résultat s'explique par la parfaite intégrité des fonctions essentielles à la vie. Nous n'avons rien remarqué à l'autopsie d'une vache sacrifiée pour la boucherie, qui quelques jours auparavant avait été gravement affectée. Des moutons sacrifiés durant la période d'état n'ont offert rien de particulier.

RÉFLEXIONS SUR LES TRAVAUX DES ANCIENS AUTEURS.

Avant d'aborder la question de savoir si les maladies aphtheuses jouissent ou non de propriétés contagieuses, de faire connaître les moyens de les traiter et de prévenir les complications, il nous paraît nécessaire d'expliquer les différences qui existent entre les travaux modernes et ceux de nos prédécesseurs.

Les vétérinaires et les agronomes, qui n'auront jamais observé d'épizootie aphtheuse et qui compareront notre mémoire avec les écrits de quelques anciens médecins et hippiatres, seront naturellement portés à croire que, sous une même dénomination, on a compris des maladies différant

entre elles par leurs symptômes, leur marche et leurs terminaisons.

Ce fut là l'idée première qui se présenta à notre esprit,
lorsque, avant de coordonner nos recherches, nous com-
pulsâmes celles des auteurs qui s'étaient déjà occupés de cette
matière.

Tout en admettant que ces maladies devaient emprunter
une certaine malignité au temps où elles furent observées,
nous restâmes cependant convaincu que Sagar, Baraillon et
autres avaient confondu les aphthes essenti els ou idiopathi-
ques avec le glossanthrax et certaines affections typhoïdes qui
dans leur cours présentaient accidentellement des aphthes
dans la bouche. Cette opinion, nous n'en doutons pas, sera
partagée par tous ceux qui, comme nous, réfléchiront un
instant sur la nature et le caractère des ulcères qui succé-
daient aux vésicules aphtheuses. En effet, ils étaient *blafards*,
d'un *aspect repoussant*, d'une *couleur grise sale*, picotés de
*petits points rougeâtres, les bords se durcissaient, s'éten-
daient* rapidement en largeur et en profondeur, ils sécré-
taient une humeur *sanieuse, fétide, âcre, corrosive*, jouis-
sant à un haut degré de *propriétés contagieuses* même à
l'espèce humaine. (Sagar) (1).

Quelle énorme différence entre ces caractères et ceux qu'avec
presque tous les vétérinaires nous avons assignés aux ulcères
plus haut décrits ! N'écarte-t-elle pas d'une manière absolue
toute espèce de comparaison ? Ces mots : *ulcères, ulcérations*, qui supposent un vice intérieur, une propriété enva-
hissante et désorganisatrice, et dont nous nous sommes servi

_____

(1) Analyse de Huzard père ; Tome IV des *Instructions vétérinaires*, p. 165.

par respect pour l'usage, peuvent être convenablement employés dans le premier cas ; mais ils ne sauraient convenir pour désigner ces surfaces dénudées qui succèdent aux vésicules aphtheuses.

Baraillon laisse encore moins de doute sur la nature de la maladie qu'il a désignée sous la dénomination d'*épizootie aphtheuse*. Ici, c'était tantôt des *vésicules rouges à leur base*, tantôt des *boutons enflammés sans ampoule*, le plus souvent des *taillades*, des *coupures*, des *gerçures*, des *ulcères* enfin qui *rongeaient* la langue, qui la *réduisaient en morceaux*, et qui faisaient *périr dans peu* les animaux s'ils n'étaient promptement secourus. (Baraillon) (1).

Nous ne pousserons pas plus avant notre analyse : ce dernier extrait prouve d'une manière irréfragable que les aphthes observés en 1785 par Baraillon dans le Bourbonnais, n'étaient qu'un symptôme, qu'un épiphénomène d'une affection typhoïde ou charbonneuse.

Telle n'est pas cependant l'opinion de tout le monde en médecine vétérinaire. M. Delafond, qui s'est occupé si longuement d'épizootie, conserve encore dans le cadre des affections aphtheuses celles observées par Sagar, Baraillon et Lamberlichi. Il s'appuie même sur l'opinion de ces trois auteurs pour prescrire des mesures de police sanitaire, que nous ne partageons pas et que nous examinerons en détail dans un chapitre particulier.

Un médecin célèbre, M. Rayer (2), trouve les *rapports* les plus intimes entre l'enzootie aphtheuse décrite par Sagar et Baraillon et celle qu'il a étudiée dans les environs de Pa-

---

(1) Analyse de Huzard père, *loco citato*, p. 166.
(2) *Recueil de médecine vétérinaire*, 1839, p. 142.

ris. Si cet honorable savant eût médité plus longtemps sur les écrits de ces deux auteurs, nous sommes convaincu qu'il aurait émis une opinion tout-à-fait différente de celle qu'il a avancée. Nous n'en voulons pour preuve que ce qu'il nous dit lui-même au commencement de la page 144........ « *Mais il* « *paraît que des accidents plus graves que ceux que* « *nous voyons dans l'épizootie actuelle, tels que des alté-* « *rations profondes dans la bouche et à la langue , etc.,* « *étaient assez fréquents.* » Ce sont précisément *ces acci-dents* qui accompagnaient fréquemment, sinon toujours , les aphthes observés à ces époques, qui nous font penser qu'ils n'étaient qu'une variété de charbon (chancre volant) ou un épiphénomène du typhus contagieux (1). Et d'ailleurs l'in-nocuité du lait constatée par M. Rayer, la nature différente des ulcères , leur cicatrisation facile contrairement aux as-sertions de Baraillon, ne sont-elles pas suffisantes pour écar-ter toute espèce d'analogie entre l'épizootie aphtheuse de 1839 et celles de 1764, 1775 et 1785 ?

A l'appui de notre manière de voir, nous sommes heureux de pouvoir invoquer le témoignage du savant Girard père. Dans le cours de l'analyse du Mémoire de M. Lamberlichi, il démontre en plusieurs endroits qu'évidemment l'épizootie rapportée par ce vétérinaire italien possédait *quelques-uns des caractères* propres au typhus du gros bétail (2).

---

(1) Lancisi , Ramazini, Vicq-d'Azyr, etc., et de nos jours MM. Gi-rard père et Dupuy, ont observé des vésicules aphtheuses dans le cours du typhus contagieux.

(2) *Recueil de médecine vétérinaire,* 1827 ; dernier renvoi à la page 353. — Nous recommandons la lecture de cette savante analyse à ceux de nos lecteurs qui ne partagent pas notre opinion.

Écrire sur des maladies regardées par les uns comme contagieuses et par les autres comme non-contagieuses, c'est s'occuper d'un sujet hérissé de difficultés et souvent peu susceptible d'une exposition qui frappe les sens. Quelque exactes que puissent être les preuves qu'il apporte à l'appui de son opinion, l'auteur ne s'en trouve pas moins en butte aux chicanes et aux tracasseries. Plus d'une fois, nous en sommes convaincu, cette crainte a maintenu dans le doute des observateurs qui, par leur longue et judicieuse expérience, avaient acquis le droit de se ranger sous la bannière de la contagion ou de la non-contagion. Nous ne serons pas arrêté par de pareilles considérations, nous qui appelons sur nos écrits toute critique qui n'aura pour objet que l'intérêt de la science et l'amour de la vérité. Nous formulerons donc sans arrière pensée l'opinion que nous aurons puisée dans l'étude exacte des faits.

Après cette digression qui nous a semblé d'à-propos, nous allons exposer les avis des nombreux vétérinaires et médecins qui ont étudié cette question.

Les uns regardent les maladies aphtheuses comme contagieuses. De ce nombre se trouvent Michel Sagar, Baraillon (1). Le premier rapporte qu'elles se communiquaient aux hommes et aux animaux. Huzard (2), Kraff (3), de la Hollande, et Lamberliccbi (4) se prononcent également dans le sens de la contagion.

Sans vouloir contester la bonne foi de ces auteurs, nous

---

(1) Analyse de Huzard ; *Instruct. vétér.*, loco citato.
(2) *Idem.*
(3) *Police sanitaire* de M. Delafond.
(4) *Recueil* : Analyse de M. Girard, p. 350.

dirons avec MM. Girard père et Delafond que leur opinion repose sur des faits trop vagues et trop peu authentiques pour y croire sans restriction aucune.

Tout récemment la contagion des maladies aphtheuses a été admise et soutenue par MM. Fabre (1), Maret et Levrat (2). D'après les inoculations que Saloz a tentées par ordre du gouvernement suisse en 1810, il est disposé à croire à la possibilité de la contagion par le contact immédiat des animaux malades (3). M. Delafond, dans sa *Police sanitaire*, exprime le même avis, bien que ses essais d'inoculation aient été constamment infructueux.

Les autres et le plus grand nombre restent dans le doute. Ce sont Huzard père, qui, dans son *Précis sur l'épizootie de la vallée d'Auge*, a rétracté l'opinion qu'il avait avancée dans les *Instructions vétérinaires*. Saintin, sans lui accorder des caractères contagieux, n'ose pas cependant affirmer qu'ils n'existent pas (4). Le professeur Verrier, Leschevin, regardent la contagion comme douteuse (5).

D'autres observateurs, tels que Lafosse fils, Toggia, n'expriment aucun sentiment à l'égard de la contagion ou de la non-contagion.

Au nombre des non-contagionistes figure M. Mathieu, d'Épinal, qui, à différentes époques, a observé cette épizootie

---

(1) *Recueil*, 1838, p. 653.

(2) *Journal des connaissances utiles*, t. IX.

(3) *Police sanitaire*, p. 742.

(4) Qu'on lise le travail de Saintin dans la *Correspondance de Fromage de Feugré*, et on verra qu'il n'est resté dans le doute que dans la seule crainte de blesser ouvertement des idées reçues.

(5) *Police sanitaire*. Nous regrettons de ne pas avoir pu nous procurer le mémoire original de Verrier, qui, j'en suis convaincu, est de l'avis de M. Girard père, qui, à la même époque, a observé l'épizootie aphtheuse.

19

dans les Vosges. Jamais il n'a remarqué un seul fait de contagion (1).

Un homme digne de foi, un homme qui a vieilli dans la pratique, le savant Girard père, a recueilli en 1810 un grand nombre d'observations *qui ne prouvent nullement pour la contagion* (2).

Teissier dans son Traité sur les mérinos fait observer que les animaux à la mamelle ne la *communiquent* pas à leur mère (3).

Les nombreux vétérinaires du Midi qui l'ont étudiée en 1839 ont tous recueilli des faits *qui parlent en faveur de la non-contagion.*

Enfin le Conseil de salubrité de Paris, dans son rapport à M. le préfet de la Seine, dit *que la contagion de la maladie n'a pas été prouvée* (4).

Nous-même, en 1841, nous avons interrogé des agronomes et des vétérinaires dignes de foi, et tous nous ont assuré n'avoir jamais remarqué *un seul fait de contagion.*

Avant de faire l'appréciation de ces diverses opinions, nous allons consacrer un examen rapide aux observations des auteurs qui ont cru trouver une certaine analogie entre les *aphthes* et le *cow-pox.*

Guidés par cette croyance, plusieurs médecins, dès 1810, ont essayé sans succès d'inoculer l'*humeur des vésicules* à l'espèce humaine (5). En 1834, le docteur Casper ayant observé une épizootie aphtheuse avec des *éruptions sur le pis* des vaches, tenta *vainement* l'inoculation sur un enfant non

---

(1) *Recueil*, année 1839, p. 21.

(2) *Recueil*, année, 1827, p. 362.

(3) *Traité sur les mérinos*, p. 239.

(4) *Journal des vétérinaires du Midi*, p. 376.

(5) Voir le travail de M. Rayer. — *Recueil*, 1839, p. 142.

vacciné (1). Un an plus tard, il régna à Berlin une épizootie aphtheuse des ongles qui se compliqua d'*éruptions sur le pis des jeunes vaches laitières*, et que l'on qualifia de faux-còw-pox (*falsche-poken.*) (*M. Rayer, loco citato.*) De nos jours et à l'époque de l'épizootie de l'année 1839, le docteur Emery *vaccina* quatre enfants *avec l'humeur des vésicules* aph-theuses, à la suite de cette opération, il ne remarqua aucun accident, ni aucune *éruption* (2). MM. Rayer et Bousquet inoculèrent un enfant qui éprouva la fièvre le troisième jour, et qui eut un *éruption de vésicules analogues a celles de l'herpès*; les accidents consécutifs se dissipèrent prompte-ment (3). Suivant M. Londe, à la suite d'une semblable ino-culation sur un enfant, il y eut des *éruptions à la face*. Mais quelle était la nature, quels étaient les caractères de cette éruption ? M. Rayer qui rapporte le fait n'en dit rien (4).

Jusques en 1840, la science ne possédait, que nous sa-chions, aucun document authentique qui pût faire supposer la moindre analogie entre les aphthes et le cow-pox. Les au-teurs les plus recommandables ne l'ont pas signalée; aucun, à notre connaissance, n'a écrit que, dans *les cas mêmes* où les vésicules aphtheuses ont fait éruption sur les mamelles elles aient provoqué le développement de *pastules* aux mains des personnes qui habituellement trayaient les vaches. Ces données historiques jointes aux tentatives infructueuses d'inoculation, éloignaient donc toute espèce de similitude entre ces deux affections.

Cependant, dans quelques cas rares, les épizooties aph-

---

(1) Voir le travail de M. Rayer. — *Recueil,* 1839, p. 142.

(2) *Idem.*

(3) *Idem.*

(4) *Idem.*

theuses peuvent offrir dans leur cours une variété d'*éruption
aux mamelles* qui n'est pas sans avoir une certaine ressem-
blance avec la vaccine ou le cow-pox.

Notre honorable confrère, M. Levigney, nous en donne
un exemple aussi frappant que remarquable (1). Nous allons
le rapporter textuellement avant d'exposer les réflexions qu'il
nous a inspirées.

. . . . « Dans beaucoup de troupeaux
« les mamelles n'ont point été atteintes, ou ne l'ont été que
« faiblement.

« Les vésicules des mamelles sont *blanchâtres, transpa-
« rentes et cristallines à leur centre*. A mesure qu'on s'é-
« loigne de l'époque du début, elles prennent une *teinte jau-
« nâtre*, puis enfin deviennent *rouges sur leurs bords*. »

Arrêtons-nous un instant sur ces caractères physionomi-
ques assignés par M. Levigney aux *pustules des mamelles*.
Non seulement ce ne sont plus les mêmes ; mais encore, il y
a une grande différence entre eux, et ceux particuliers aux
phlyctènes aphtheuses. Dans ces dernières, M. Levigney, d'accord avec ses prédécesseurs, n'y trouve point cette *couleur
cristalline*, *cette teinte jaunâtre*, *cette auréole* enfin qui
appartient en propre aux boutons de la vaccine.

« Ces vésicules, continue M. Levigney, parcourent les
« mêmes phases que celles produites par le virus vaccin dont
« elles ne semblent différer en rien. Un fait qui le prouve, et
« qui presque toujours a eu lieu, c'est qu'une assez grande
« quantité de vaches de différents troupeaux ont transmis ces
« pustules aux personnes qui les trayaient habituellement et
« qui avaient des coupures et des excoriations soit aux mains,
« soit aux bras. Il faut bien méditer cette vérité, qu'il n'y a

---

(1) *Recueil de médecine vétérinaire*, année 1842, p. 774.

« eu que les personnes non vaccinées chez lesquelles les bou-
« tons ou vésicules se soient développées jusqu'au point de
« de devenir confluentes. Chez les individus vaccinés, cet état
« était remplacé par de petites rougeurs et une légère dé-
« mangeaison. »

Un fait aussi authentique ne peut laisser aucun doute sur l'existence du cow-pox dans le cours de l'épizootie aphtheuse observée par M. Levigney, ou tout au moins d'une affection ayant avec la vaccine une grande analogie.

Nous signalerons cependant un oubli dans l'excellent travail de M. Levigney, oubli d'autant plus important, qu'il pourrait peut-être à lui seul expliquer *la contagion* dans certains cas et la *non-contagion* dans d'autres. Ainsi, par exemple, serait-il irrationnel d'admettre :

1° Que les aphthes accompagnés de pustules varioleuses sur le pis des vaches jouissaient de propriétés contagieuses ;

2° Que les troupeaux (le plus grand nombre, suivant M. Levigney) qui n'ont été *atteints que de l'épizootie aphtheuse purement et simplement*, ne l'aient point communiquée aux autres animaux.

Nous invoquons ici les souvenirs de notre honorable confrère : au nom de la science qui est notre seule mobile, nous le prions de consigner dans le *Recueil* si les faits de contagion qu'il a observés n'ont pas trait aux troupeaux sur lesquels ont apparu les *boutons varioleux*. Il rendra un service à la médecine vétérinaire et à l'hygiène publique.

En nous résumant, on voit qu'il existe trois camps bien distincts. Dans l'un se trouvent les contagionistes, dans l'autre, ceux qui ne la nient pas, mais qui doutent ou qui pensent qu'elle peut exister dans certaines circonstances, dans le troisième enfin, ceux qui ne croient pas que les maladies aphtheuses soient contagieuses.

Désirant éclairer cette question de police sanitaire, nous en avons fait l'objet d'un examen consciencieux. Nous avons recueilli un grand nombre de faits qui nous paraissent si positifs, si concluants, que ceux qui les liront n'hésiteront pas comme nous à se prononcer pour la *non-contagion*.

La divergence d'opinion qui existe sur ce point ne nous paraît pas inexplicable. En effet il n'est pas étonnant que les auteurs aient accordé des propriétés contagieuses aux aphthes qui apparaissaient dans le cours de certaines affections typhoïdes ou charbonneuses, et qu'ils les aient mises en doute lorsqu'ils se sont traduits à leurs regards sous l'aspect de phlyctènes à la bouche et aux pieds.

La première circonstance a dû se présenter plus d'une fois à une époque où les terres étaient en partie incultes, en partie marécageuses, malsaines, à une époque enfin où les animaux étaient abandonnés, sans aucun soin, sans aucun traitement, aux seuls efforts de la nature. Les maladies qui régnaient alors devaient nécessairement emprunter à un état de choses aussi déplorable certains caractères de malignité, certaines complications qui ne se présentent plus de nos jours. D'ailleurs nous croyons avoir démontré cette vérité en analysant quelques passages des anciens auteurs. S'il fallait de nouvelles preuves, nous ajouterions qu'on ne voi plus ces épizooties meurtrières qui ont exercé en Europe de si cruels ravages, depuis que l'agriculture s'est perfectionnée et que les connaissances vétérinaires se sont répandues dans les campagnes.

Après la lecture des travaux des anciens médecins, on demeure sinon convaincu du moins très disposé à croire à la contagion des maladies aphtheuses. Et cette croyance, lorsque surtout on n'a pas été à même de les observer, se trouve corroborée par leur apparition subite sur un grand nombre d'animaux, par leur marche rapide et par le type propre aux affections épizootiques et contagieuses.

Ce sont là, nous l'avouons, des caractères qui peuvent en imposer au premier abord, aux yeux du vulgaire surtout, qui juge si souvent par les apparences extérieures, mais il ne peut en être de même pour ceux qui sont imbus de quelques connaissances physiologico-pathologiques. Cette chose est si vraie que depuis que la médecine vétérinaire a secoué le joug de l'ignorance et des préjugés, depuis qu'elle a compris dans son domaine les diverses branches de l'histoire naturelle, depuis ce jour le doute s'est emparé de presque tous les esprits. MM. Fabre, Maret et Levrat sont les seuls de tous les vétérinaires contemporains qui aient avancé d'une manière positive qu'elles jouissaient, à un haut degré, de propriétés contagieuses. Selon M. Maret, le contact des animaux malades n'était pas nécessaire, il suffisait qu'un homme entrât dans une étable infectée pour porter la contagion à des distances éloignées.

Il n'entre pas dans notre caractère de mettre en suspicion la bonne foi de nos confrères, mais on nous permettra de douter que la subtilité du *virus aphtheux* fût portée au point de pouvoir imprégner les vêtements des personnes qui soignaient les malades. Et en admettant que cette opinion fût vraie, le praticien devrait toujours exposer très au long les faits d'après lesquels il s'est prononcé d'une manière aussi explicite. Dire en effet, comme M. Maret, qu'une affection est contagieuse parce que tous les animaux d'une étable étaient attaqués lorsqu'elle s'était développée sur un seul, ce n'est pas faire preuve d'une grande logique. Et pourquoi les causes auraient-elles agi de préférence sur les uns que sur les autres? pourquoi auraient-elles épargné ou attaqué isolément des animaux élevés sous le même toit et soumis au même régime?

pourquoi enfin n'auraient-ils pas subi les conséquences d'une manière d'être qui leur était commune ?...

M. Fabre, de Genève, n'admet la contagion que par le contact immédiat des animaux malades. Il avoue qu'il n'est pas prouvé qu'elle s'opère par les émanations aériformes ou par les vapeurs qui s'échappent de la surface cutanée.

Peut-être les maladies aphtheuses observées par l'honorable M. Fabre ont-elles revêtu certains caractères particuliers, certains épiphénomènes, comme en ont remarqué M. Levigney en France, et M. *** dans l'épizootie qui régna à Berlin en 1835. Le premier a signalé de véritables boutons de vaccin, et le second, des *éruptions* de faux cow-pox. (*Falsche Pocken.*) (1)

Dans les épizooties futures, il sera très important de rechercher si, dans quelques cas, elles ne pourraient pas se compliquer ou revêtir les caractères de la *fausse vaccine* ou *vaccinoïde*, qui expliqueraient alors les propriétés contagieuses.

Dans le cours de l'affection aphtheuse que nous avons observée, nous n'avons pas recueilli un seul fait douteux. Tous parlent pour la *non-contagion*.

Nous allons rapporter les principaux :

Premier fait. — Le sieur Erkman, boucher à Saint-Avold, avait dans une petite écurie une vache, deux bœufs et un cheval. Un bœuf et la vache sont gravement attaqués ; les deux autres sont restés intacts ; ils barbotaient dans la même mangeoire.

Deuxième fait. — Dans une étable assez vaste, M. Alt-

---

(1) *Nota.* A cet égard, il est bon de faire observer que les aphthes étudiés par M. Fabre s'inoculaient toujours avec succès. Page 663, *loco citato.*

mayer possède des vaches laitières, des bœufs à l'engrais et des bœufs de travail ; quelques uns en sont affectés, mais jamais la contagion ne s'est manifestée, bien cependant que les animaux fussent dans toutes les conditions propres à la contracter.

Troisième fait. — M. Altmayer est sans contredit un des agronomes les plus entendus de la Moselle ; il est par-dessus tout un judicieux observateur, s'occupant avec beaucoup de succès de l'amélioration de l'espèce bovine ; deux fois il a observé cette épizootie sur ses bœufs et sur ses porcs, et convaincu de sa non-contagion, il n'a jamais pris de précautions pour les animaux sains, et la plupart en ont été exempts.

Quatrième fait. — Entre autres faits, en voici un bien remarquable dont nous n'avons pas été témoin, mais qui nous a été communiqué par M. Altmayer, qui est digne de toute la confiance de nos lecteurs :

Une truie, à la veille de mettre bas, fut violemment attaquée de la fièvre aphtheuse ; ses souffrances étaient si vives qu'elle pouvait à peine se remuer. Par suite de cette gêne dans les mouvements, trois petits furent étouffés ; les autres restèrent avec la mère pendant toute la durée de la maladie, sans la contracter.

Cinquième fait. — Le 5 octobre, M. Erkman me montra un cochon qui était couvert de vésicules aphtheuses à la bouche, sur le museau, aux pieds. Il est constamment demeuré avec seize animaux de la même espèce, sans qu'ils aient présenté le plus léger symptôme de la maladie régnante.

Sixième fait. — Le même propriétaire avait une vingtaine de moutons. Sur ce nombre, quatre sont attaqués à peu près en même temps. Logés dans la même étable, mangeant au même ratelier sans l'entourage de moyens prophylactiques, aucun n'a gagné la maladie. Elle a également respecté les chèvres qui se trouvaient dans le troupeau.

Tous les jours le bardier conduisait pêle-mêle dans les champs des cochons, des chèvres et des moutons. Les uns étaient malades, le plus grand nombre est resté sain.

Nous pourrions encore citer une foule de faits qui nous sont propres ou empruntés à la longue pratique de M. Casset. Ce vétérinaire, qui déjà en 1839 avait traité la maladie aph-theuse, n'a jamais remarqué un seul fait de contagion. Son témoignage est encore là pour l'attester. Nous avons également interrogé plusieurs propriétaires, qui tous nous ont répondu par la négative.

Nous avons tenté des inoculations sur les moutons et les chevaux dans différentes parties du corps et avec du fluide provenant de vésicules récemment apparues. Tous nos essais plusieurs fois renouvelés ont été constamment infructueux.

ALTÉRATION DU LAIT ; SON USAGE.

Nous n'avons pas remarqué que l'usage du lait fût nuisible aux hommes ou aux animaux. Nous connaissons un grand nombre de familles qui consommaient entièrement celui qui provenait des vaches malades, et nous nous sommes assurés qu'il n'avait pas produit la plus légère indisposition. Nous-même nous nous en sommes nourri pendant une huitaine de jours sans le moindre accident. Cependant, la vache qui le sécrétait était gravement attaquée.

Sur la fin de la deuxième période chez les vaches qui avaient des vésicules nombreuses à la bouche, aux lèvres, aux pieds, aux mamelles, qui en peu de temps étaient tombées dans un grand état de maigreur, la quantité du lait avait diminué de plus de moitié ; il était moins butireux et tournait plus facilement *à l'aigre*. Mais encore, comme nous nous en sommes assuré sur nous-même, il n'avait aucune propriété contagieuse.

Nous ne saurions donc partager l'opinion de M. Delafond, qui pense que le lait ne doit point servir à la nourriture de l'homme (1). Nous insistons sur ce point, parce que ce savant professeur a failli, ce nous semble, à sa réserve habituelle, en hasardant presque sans preuve une pareille assertion. Il n'a pas assez réfléchi que son nom est une autorité en matière médicale, et qu'à chaque instant il peut être invoqué par l'administration. Quelle grave responsabilité n'assumerait-il pas sur sa tête, si un jour une municipalité quelconque s'étayant de l'opinion de notre savant professeur, proscrivait l'usage du lait provenant de vaches aphtheuses! Quelle atteinte funeste une telle mesure ne porterait-elle pas à l'agriculture, à l'industrie locale, au commerce en général dans les provinces qui n'ont pour unique richesse que le lait et ses produits.

Ces considérations réunies nous imposent le devoir de rechercher dans les annales de la science les faits qui motivent l'opinion de M. Delafond. Nous n'en trouvons point qui méritent une ombre de confiance. En effet, c'est Michel Sagar qui rapporte qu'il n'avait pas sa douceur, sa consistance naturelle, et qu'il communiquait les aphthes aux animaux sans en excepter l'homme. C'est un vétérinaire des environs de Lyon qui aurait fait la même remarque. Nous savons déjà ce que vaut l'avis de Sagar; à l'égard du second, nous regrettons de ne pouvoir vérifier ses observations.

Pour prouver à M. Delafond que nous ne sommes mu que

______

(1) Police sanitaire, *loco citato*.

par l'intérêt de la science et de la vérité, je vais lui fournir des faits plus puissants que ceux consignés dans sa *Police sanitaire.*

Berbier fils, dans les *Mémoires de la Société centrale d'agriculture*, dit que *quelques* personnes qui ont fait usage du lait des vaches malades, et des porcs qui en ont été nourris, ont été affectés de la maladie (1).

En 1834, lorsqu'une épizootie aphtheuse régnait en Allemagne, plusieurs vétérinaires, MM. Wenderburg, Tilgner et Lehnard disent avoir observé plusieurs cas de transmission de cette maladie à l'homme par l'usage du lait (2).

Vers la même époque, trois vétérinaires allemands, MM. Hertwig, Mann et Villain, voulant s'assurer si l'usage du lait de vaches malades pouvait développer la maladie chez l'homme, firent sur eux les expériences suivantes que nous allons résumer.

La vache choisie est affectée depuis cinq à six jours de la maladie aphtheuse; elle est *très gravement* malade.

Chacun de ces trois vétérinaires prirent lentement une pinte de lait chaud; le 27, le 28 et le 30 du même mois (juillet), le même essai fut renouvelé.

Le 28, M. Hertwig éprouva des frissons, de la fièvre, de la chaleur à la bouche et un sentiment de démangeaison à la peau des deux mains et aux doigts. Le 2 août, la muqueuse buccale se gonfla; le 5, la langue, principalement sur ses bords, les lèvres et la face interne des joues se couvrirent de petites vésicules dont les plus grosses avaient le volume d'une lentille; elles étaient d'un blanc jaunâtre et contenaient un liquide blanchâtre. D'autres vésicules, de la gros-

---

(1) Mémoire de M. Rayer. — *Recueil*, 1839; p. 140.

(2) M. Rayer, *loco citato.*

seur d'un grain de millet se développèrent aux mains et aux doigts ; elles occasionnaient des démangeaisons. Le 4 et le 5, les vésicules de la bouche augmentèrent de volume et se rompirent les jours suivants ; bientôt la fièvre disparut, les ampoules se séchèrent, et l'épiderme se détacha des endroits affectés, vers le 20 août.

MM. Mann et Villain furent moins fortement attaqués que M. Hertwig. Néanmoins, il y eut éruption de petites vésicules sur la muqueuse buccale (1).

Ces faits, M. Delafond les ignorait sans doute, puisqu'il n'en parle pas dans sa *Police sanitaire*. A l'époque de la publication de cet ouvrage il ne pouvait invoquer à l'appui de son opinion que Michel Sagar et le vétérinaire des environs de Lyon.

En présence de faits aussi peu authentiques, nous sommes encore à nous demander comment M. Delafond a pu s'en laisser imposer lorsqu'une foule de vétérinaires recommandables avait fait des observations diamétralement opposées. Celles rapportées par lui-même et recueillies par Toggia en Italie et par M. Mathieu dans les Vosges, homme instruit et consciencieux, n'étaient-elles pas de nature à inculquer dans son esprit une conviction différente ?

Aujourd'hui M. Delafond pourra tourner contre nous les armes que nous lui avons fournies en rapportant les observations des vétérinaires allemands. Nous allons les discuter.

Et d'abord, opposons à ces faits :

1° Ceux qui nous sont personnels et recueillis en grand nombre dans le cours de l'épizootie que nous avons observée ;

---

(1) M. Rayer, *loco citato*.

2° Ceux de M. Rayer, de M. Fabre et de M. Levigney, qui tous constatent l'innocuité du lait. Suivant ce dernier, il était même plus butyreux ;

3° Ceux enfin, plus concluants encore, relatés dans le rapport à M. le Préfet de la Seine par le Conseil de salubrité de Paris. En voici le résumé :

« Le lait des vaches malades, par rapport à la santé de « l'homme, n'a donné lieu à aucune incommodité bien con- « statée, et les recherches tant chimiques que microscopi- « ques, n'y ont pas dénoté des caractères propres à faire « craindre qu'il fût nuisible. »

Nous avons fait remarquer quelque part dans notre Mémoire que les vétérinaires allemands étaient les premiers qui aient observé que les maladies aphtheuses se compliquaient quelquefois d'*éruptions sur le pis*, qu'ils qualifiaient de faux cow-pox (*falsche Pocken*). Celles de 1834 et 1835 ont principalement offert ce caractère. Serait-il alors impossible que MM. Hertwig, Mann et Villain aient expérimenté non point avec du lait d'une vache aphtheuse, mais bien d'une bête atteinte d'une espèce d'affection vaccinoïde ou d'une enzootie qui en avait revêtu quelque forme ?

En résumé, nos recherches, jointes à celles que la science possède, prouvent l'innocuité du lait ; et si, dans quelques cas rares de malignité, il est altéré, son altération n'est jamais portée au point d'être nuisible aux hommes et aux animaux.

L'administration ne saurait donc s'appuyer de l'opinion de M. Delafond pour interdire l'usage de ce produit ; une pareille défense serait une calamité publique (1).

---

(1) Elève de M. Delafond, c'est dire que nous avons pour lui tout le respect qu'un élève doit toujours à son maître ; aussi serions-nous peiné si dans cette discussion il voyait autre chose que l'amour de la science.

USAGE DE LA CHAIR.

Pas plus que le lait, la chair des animaux sacrifiés dans le cours de la maladie n'est douée d'aucune propriété malfaisante. Nous avons par devers nous plus d'un fait qui attestent cette vérité. Non seulement nous en avons mangé, mais nous avons vu une fraction d'un régiment se nourrir pendant quelque temps de cette viande sans le moindre inconvénient.

POLICE SANITAIRE.

D'accord avec MM. les membres du Conseil de salubrité de Paris, nous croyons qu'il faut éviter de prescrire la séquestration et l'isolement, qui ont le grave inconvénient non seulement de nuire aux intérêts des propriétaires et aux besoins des populations, mais encore de déterminer des maladies beaucoup plus dangereuses que celles qu'on veut prévenir. Sans doute les propriétaires qui en auront la facilité, feront bien de mettre à part les animaux ; sous le rapport de l'hygiène et des soins de propreté, ils ne s'en trouveront que mieux, mais il n'y a pas nécessité, comme nous l'avons constaté. A moins qu'il n'existe des affections du sabot, on peut sans danger conduire les animaux aux pâturages.

TRAITEMENT PROPHYLACTIQUE.

Lorsqu'un propriétaire est informé qu'il règne dans le pays une maladie aphtheuse, il devra visiter soigneusement ses étables, examiner attentivement si dans le nombre de ses animaux, il n'y en a pas quelques uns qui présentent l'ensemble des symptômes que nous avons donnés comme caractéristiques du début de l'affection. Quand même ils ne seraient pas aussi prononcés que ceux que nous avons décrits, il devra s'empresser de placer l'animal dans un coin de l'étable, de le couvrir d'une couverture de laine et de le mettre au régime blanc avec de la farine d'orge et de l'eau tiède, dans laquelle on fera dissoudre une petite poignée de sel marin ou mieux de sulfate de soude (62 grammes), ou seulement rendue acidule avec du lait caillé. Si son inappétence n'est pas bien prononcée, on lui donnera une petite ration de fourrage de bonne qualité. On ne sortira pas les animaux dans les pâturages, car la froideur de l'atmosphère annihilerait les effets des moyens hygiéniques mis en pratique.

Les mêmes précautions devront être employées à l'égard des moutons ; on ne sortira pas ceux qu'on soupçonne devoir être atteints de l'affection, qu'autant qu'on pourrait les conduire dans un lieu abrité contre les courants atmosphériques et exposé aux rayons du soleil. Mais si le temps est brumeux, si la température est inconstante, il sera prudent de les laisser dans la bergerie.

Les cochons devront être entourés des mêmes soins hygiéniques ; on leur supprimera une partie des aliments qui forment leur nourriture ordinaire. Cette précaution est de rigueur lorsqu'on a quelques raisons pour croire que leur nature ait influé sur le développement de la maladie aphtheuse.

Les propriétaires devront d'ailleurs se tenir en garde contre cette foule de guérisseurs qui, dans ces moments de calamité, assiègent les campagnes. Nous ne saurions surtout trop blâmer la funeste habitude qui les porte constamment à administrer des breuvages excitants. Plus d'une fois nous avons eu occasion de remarquer que ces moyens irrationnels et absurdes rendaient l'éruption plus difficile, et aggravaient cette affection de nature peu grave.

TRAITEMENT CURATIF.

Il est simple, facile et peu dispendieux, lorsqu'il ne se présente aucune complication.

Lorsque les vésicules sont apparentes dans la bouche, on laissera toujours les animaux à la diète. Fréquemment dans la journée on la gargarisera chez les grosses bêtes à cornes avec une décoction d'orge miellée, dans laquelle on versera du vinaigre ou de l'acide hydrochlorique, de manière à produire une certaine astriction.

Ces gargarismes se font avec une petite seringue, ou, plus économiquement, avec un morceau de linge usé, fixé à l'extrémité d'un bâtonnet.

Quand il y a un trop grand nombre d'animaux malades, on peut rendre seulement acidules les boissons farineuses. C'est ce que nous avons fait en versant du vinaigre dans le produit de la distillation des pommes de terre.

Autant que possible, on gardera les animaux gravement attaqués dans l'étable. Malheureusement cela ne peut se faire toujours, comme le fait judicieusement remarquer M. Levigney en parlant des troupeaux de vaches qui paissent constamment dans les pâturages. Dans une circonstance pareille, le véritable praticien agira de manière à nuire le moins possible aux intérêts des propriétaires.

Pour les vésicules extérieures, on peut se dispenser de les exciser; cette opération ne hâte point leur guérison. Le traitement qui leur convient est le même que celui que nous avons mis en pratique pour celles renfermées dans l'intérieur de la bouche; seulement, la proportion d'acide hydrochlorique doit être plus forte. Le vin tiède miellé dans des cas particuliers nous a également bien réussi.

Cependant, dans quelques cas il nous est arrivé de voir des ulcères situés au pourtour des ailes du nez, se prolongeant jusqu'à la fusion de la peau avec la pituitaire, résister au traitement cité plus haut. Nous avons alors employé avec succès une composition dessicative, qui hâte en général la cicatrisation des plaies. Le cérat saturné en a achevé la guérison.

Suivant certains vétérinaires, ces ulcères prennent quelquefois un mauvais caractère. Il faut alors recourir aux moyens connus pour les raviver et les mettre dans de meilleures conditions.

Vers le quatrième ou cinquième jour, ce traitement amène ordinairement un mieux bien marqué. Au bout de ce temps ils cherchent ordinairement à manger. Il faut bien se garder de leur donner alors une trop grande quantité d'aliments, qui, dans l'état de vacuité où se trouvent les estomacs, produiraient infailliblement de graves indigestions. Nous en connaissons quelques exemples.

Leur nourriture se composera de substances de facile digestion, et demandant peu d'efforts pour être broyées. Les pommes de terre, les navets, le regain, la luzerne, le foin de bonne qualité, arrosés avec du sel marin, nous ont paru très favorable à la guérison des malades.

Pour les cochons, le traitement est presque entièrement hygiénique ; les moyens de propreté dans la généralité des cas amènent une guérison aussi rapide que les agents thérapeutiques. Pareille observation a été faite par M. Altmayer. Cependant il se présente des animaux qui sont attaqués si vivement, qu'il y a fièvre de réaction et un abattement tel qu'ils peuvent à peine se remuer. La diète, les boissons acidules, l'aération des étables et la bonne litière sont alors rigoureusement indiquées.

Tels sont les soins qui ordinairement suffisent pour amener la guérison dans l'espace d'une quinzaine chez les bêtes à cornes. Le plus souvent les cochons guérissent en huit jours de temps.

Quelquefois l'épizootie aphtheuse est si peu grave, qu'elle

se guérit par les seuls efforts de la nature. M. Altmayer n'avait porté aucune attention à celle qui sévit sur les bœufs en 1839. M. Levigney a également constaté que, eu égard au grand nombre de vaches attaquées dans le Bessin, la plupart des propriétaires les ont abandonnées à elles-mêmes ; le régime même n'a pas été observé. Elles ont néanmoins bien guéri, à part quelques graves complications produites par la négligence des propriétaires.

Jusqu'à présent nous n'avons traité que les aphthes localisés dans la bouche, sur le mufle ou autour des ailes du nez ; mais les choses se passent autrement lorsque les vésicules existent autour des articulations inférieures des membres, dans l'espace interdigité ou sur les mamelles. Les ulcérations empruntent alors à leur position une certaine gravité, qu'augmente encore la négligence des soins de propreté des étables.

En principe, les arthrites, les ouvertures des articulations, les exfoliations tendineuses, la carie des os et la chute de l'ongle sont le fait des propriétaires qui ne recourent que très tard aux lumières de l'homme de l'art, et qui laissent longtemps séjourner le fumier sous les pieds des animaux.

Le renouvellement fréquent de la litière, les soins de propreté, les lotions astringentes, guérissent ordinairement les phlyctènes de l'espace interdigité. S'il y a décollement, si l'ulcération a un aspect blafard, saignant au moindre contact, si l'animal boite beaucoup, si l'engorgement des membres gêne la flexion, il faudra les bassiner souvent avec de l'eau émolliente. Les ulcères seront pansés avec une liqueur dessicative, ou une solution de nitrate d'argent ou de sous-deuto-acétate de cuivre, s'ils ont un caractère par trop mauvais. Dans le cas de perforation de la synoviale articulaire, nous avons obtenu d'excellents résultats de l'emploi de l'extrait de saturne pur.

Lorsqu'il y a décollement du biseau de la paroi, il faut se garder de couper avec la feuille de sauge la corne détachée. Nous avons remarqué que cette opération favorisait la marche de l'ulcère au lieu de l'arrêter. La même observation a été faite par M. Casset. Les dessicatifs, les excitants au besoin pour ranimer la plaie, et par dessus tout les soins de propreté, en assurent la guérison sans complications graves.

Pour les grands animaux, la chute de l'ongle est une terminaison fâcheuse qui en nécessitera le sacrifice dans la généralité des circonstances. Chez le mouton, il ne faut pas désespérer de la guérison ; les parties vives se recouvrent de corne dans l'espace de quinze jours, terme auquel l'appui sur le sol se fait assez bien. La sécrétion cornée chez les bêtes à laine nous a paru plus active que chez les autres espèces d'animaux.

La présence des ulcérations aphtheuses sur les mamelles peut amener l'inflammation de ces organes ; le plus souvent c'est un engorgement laiteux qui la détermine. Il faut donc avoir la précaution de traire les vaches et d'attaquer vivement au début les phénomènes inflammatoires. Les bains de vapeur, les embrocations de populéum laudanisé, les bandages maintenus sur les reins, les soins de propreté et le renouvellement fréquent de la litière ont eu presque constamment pour résultat *la résolution* de l'inflammation.

TRAITEMENT NUISIBLE.

Nous ne saurions trop blâmer les saignées au début, et les breuvages incendiaires qu'on administre trop souvent dans les campagnes. Ces moyens irrationnels entravent toujours la marche de la maladie, opèrent l'affaissement des vésicules et produisent des métastases funestes. Les propriétaires auront constamment un bénéfice réel à recourir aux lumières d'un vétérinaire, dont l'action immédiate ou régulatrice produira toujours d'excellents résultats.

NATURE DES MALADIES APHTHEUSES.

D'après Huzard père, cette maladie consisterait dans une irritation de l'extrémité des vaisseaux excréteurs de la salive, et des follicules muqueux, irritation qui aurait été déterminée par l'âcreté de l'humeur qu'ils charrient ou qu'ils sécrètent.

Il suffit d'énoncer cette opinion, pour la rejeter sans examen : l'auteur a été induit en erreur par l'abondance du liquide salivaire, qui n'est qu'un symptôme secondaire de l'affection.

La majorité des vétérinaires ne se prononce pas sur cette question. MM. Huzard fils, Vatel, etc., n'en parlent pas dans leurs ouvrages.

Suivant Hurtrel d'Arboval, elles seraient la conséquence d'une gastro-entérite. Cette opinion, partagée par plusieurs vétérinaires, ne nous paraît pas tellement bien prononcée qu'on puisse sans nouvel examen, la ranger au nombre des vérités pathologiques. Si on s'éclaire en effet par l'étude des symptômes, de la marche de la maladie et des lésions morbides, on arrive à une conclusion opposée. Et d'abord, a-t-on bien constaté les symptômes et les caractères morbides de l'inflammation de la muqueuse intestinale? M. Maret ne l'a remarquée qu'une seule fois sur un grand nombre d'animaux malades; jamais non plus nous ne l'avons observée dans le cours de notre épizootie. Quelques vétérinaires, moins imbus qu'Hurtrel d'Arboval de la doctrine physiologique, ont puisé cette croyance dans l'observation d'une diarrhée qui apparaît sur le déclin de l'affection aphtheuse chez les animaux mous, lymphatiques ou qui ont beaucoup souffert. Mais encore ici cette diarrhée est la suite d'une atonie de la muqueuse digestive; elle n'est pas plus la conséquence d'une irritation que celle qu'on remarque pendant l'administration du vert, et qui ne sait encore que tel et tel mode d'alimentation occasionne la diarrhée chez les ruminants, sous l'influence de la cause maladive la plus légère?... A l'autopsie des animaux morts ou sacrifiés pendant la maladie, on ne trouve pas non plus dans l'immense majorité des cas, la moindre trace morbide caractéristique de la gastro-entérite. Lafosse a bien trouvé des aphthes dans la trachée, la caillette et la partie antérieure du tube digestif; mais leur développement sur ces organes ne s'explique-t-il pas mieux par l'analogie de structure, que par l'hypothèse de l'existence primitive de l'irritation gastro-intestinale?

Du résumé des considérations précédentes il ressort clairement que les maladies aphtheuses ne succèdent point à une gastro-entérite.

Quel est donc la nature de ces affections? Si dans l'état actuel de la science, il nous était permis de nous prononcer sur ce point de philosophie médicale, nous dirions que les maladies aphtheuses sont le résultat de phénomènes organiques inconnus dans leur essence, auxquels on a donné le nom générique de *fièvre*. Aussi pensons-nous qu'il est probable qu'un jour elles figureront dans un même cadre nosologique à côté des *fièvres éruptives,* telles que la clavelée, la vaccine, etc.

(Extrait du *Recueil de médecine vétérinaire pratique*, n°s 2, 3 et 4. — 1845.)

Paris. — Imp. F. LOCQUIN, 16, r. N.-D.-des-Victoires.